Rihab BEN ABDALLAH KOLSI

Complicações renais nos diabéticos

AF665224

Rihab BEN ABDALLAH KOLSI

Complicações renais nos diabéticos

Diabetes e suas complicações

ScienciaScripts

Imprint
Any brand names and product names mentioned in this book are subject to trademark, brand or patent protection and are trademarks or registered trademarks of their respective holders. The use of brand names, product names, common names, trade names, product descriptions etc. even without a particular marking in this work is in no way to be construed to mean that such names may be regarded as unrestricted in respect of trademark and brand protection legislation and could thus be used by anyone.

Cover image: www.ingimage.com

This book is a translation from the original published under ISBN 978-3-8416-2371-3.

Publisher:
Sciencia Scripts
is a trademark of
Dodo Books Indian Ocean Ltd. and OmniScriptum S.R.L publishing group

120 High Road, East Finchley, London, N2 9ED, United Kingdom
Str. Armeneasca 28/1, office 1, Chisinau MD-2012, Republic of Moldova, Europe
Managing Directors: Ieva Konstantinova, Victoria Ursu
info@omniscriptum.com

Printed at: see last page
ISBN: 978-620-8-56237-3

Copyright © Rihab BEN ABDALLAH KOLSI
Copyright © 2025 Dodo Books Indian Ocean Ltd. and OmniScriptum S.R.L publishing group

COMPLICAÇÕES RENAIS NOS DIABETICOS

Rihab Ben Abdallah Kolsi

Faculdade de Ciências de Sfax, Tunísia

Correio eletrónico: rihab_b86@hotmail.com

Conteúdo

Introdução

Introdução

A diabetes mellitus é atualmente um importante problema de saúde pública. A diabetes tipo 2 é a forma mais comum, representando cerca de 90% de todas as formas de diabetes. O aumento constante da incidência desta doença pode ser explicado pelas alterações do estilo de vida, nomeadamente o sedentarismo, as dietas ricas em gorduras, a obesidade e o envelhecimento da população. A gravidade desta doença está ligada à ocorrência de complicações metabólicas, infecciosas e degenerativas, incluindo manifestações renais.

A nefropatia diabética (ND) é uma das complicações mais comuns da diabetes, evoluindo para insuficiência renal crónica. O diagnóstico precoce desta patologia permite gerir os doentes de forma mais eficaz e multidisciplinar, retardando a progressão para insuficiência renal crónica através da inibição do sistema renina angiotensina (SRA) por um bom controlo glicémico, prevenindo ou limitando a iatrogenia e tratando eventuais complicações.

Este é o contexto do nosso trabalho, que envolveu um estudo prospetivo de pacientes diabéticos com ou sem ND com o objetivo de :

- ✓ Determinar a distribuição da diabetes de acordo com o género, a idade e as complicações renais.
- ✓ Estudar determinados parâmetros bioquímicos do equilíbrio glicémico e renal (glicemia, HBA1c, ureia, ácido úrico e creatinina) de pessoas com diabetes e/ou ND.

Para o efeito, seguimos uma população de doentes com diabetes e/ou nefropatia diabética. Os dados sociodemográficos e clínicos dos doentes foram recolhidos a partir de um processo descrito pelo médico, de forma a selecionar os indivíduos a incluir no nosso estudo, de acordo com critérios previamente estabelecidos. Este trabalho foi seguido de pesquisa e análise de vários parâmetros fisiológicos e bioquímicos em laboratórios de análises clínicas.

Revisão bibliográfica

A. Diabetes

1. Definição

A diabetes é uma doença grave e crónica que ocorre quando o pâncreas não produz insulina suficiente (a hormona que regula os níveis de açúcar no sangue) ou quando o organismo não consegue utilizar eficazmente a insulina que produz. A hiperglicemia, uma consequência comum da diabetes não controlada, pode, com o tempo, provocar lesões graves no coração, nos vasos sanguíneos, nos olhos, nos rins e nos nervos (OMS; 2016).

2. Epidemiologia

2.1. No mundo

Em todo o mundo, estima-se que 422 milhões de adultos viviam com diabetes em 2014, em comparação com 108 milhões em 1980. A prevalência global da diabetes quase duplicou desde 1980, passando de 4,7% para 8,5% da população adulta. Estes números indicam um aumento dos factores de risco associados, como o excesso de peso ou a obesidade. Nos últimos 10 anos, a prevalência da diabetes aumentou mais rapidamente nos países de baixo e médio rendimento do que nos países de rendimento elevado (OMS; 2016).

2.2. Na Tunísia

A diabetes está a ganhar terreno na Tunísia. A incidência da diabetes passou de 13% para 15% entre 1997 e 2005, e aumentará para 27% em 2027. O número de diabéticos está atualmente estimado em cerca de 1,1 milhões, a maioria dos quais não está diagnosticada. Segundo as estimativas, este número duplicará na Tunísia dentro de dez anos, atingindo quase dois milhões de diabéticos. (Abid M; 2017)

3. Classificação da diabetes

A OMS (2016) distinguiu dois tipos principais de diabetes: a diabetes mellitus insulino-dependente (IDDM) e a diabetes mellitus não-insulino-dependente (NIDDM), embora possam ser incluídos outros tipos. Estes incluem a diabetes gestacional, a diabetes associada à má nutrição, a intolerância à glucose, etc.

3.1. Diabetes tipo 1 (DMT1)

A diabetes tipo 1 (10-15%) (anteriormente conhecida como diabetes insulino-dependente ou juvenil) é causada por uma reação autoimune em que as defesas do próprio organismo atacam as células beta do pâncreas que insulina. O organismo fica então incapaz de produzir a insulina de que necessita. A doença pode afetar pessoas de qualquer idade, mas geralmente aparece em crianças ou jovens adultos (Nam H.-C et *al*; 2013).

3.2. Diabetes tipo 2 (T2D)

A diabetes tipo 2 (85 a 90%) (anteriormente conhecida como diabetes não insulino-dependente ou diabetes de início na maturidade) é uma doença metabólica caracterizada por hiperglicemia crónica, cujas caraterísticas fisiopatológicas incluem o aumento da resistência dos tecidos periféricos (fígado, músculos e tecido adiposo) à ação da insulina (resistência à insulina), secreção inadequada de insulina pelas células β do pâncreas, secreção inadequada de glucagon e um efeito reduzido da diminuição da glicemia, músculos e tecido adiposo) à ação da insulina (resistência à insulina), uma secreção inadequada de insulina pelas células β do pâncreas, uma secreção inadequada de glucagon e um efeito reduzido das incretinas, hormonas intestinais que estimulam a secreção de insulina pós-prandial. (Chaudhry A et *al*; 2013)

3.3. Diabetes gestacional (GDM

A diabetes gestacional (14%) é uma doença temporária que ocorre durante a gravidez e está associada a um risco a longo prazo de DMT2. A condição está presente quando os níveis de glicose no sangue são mais elevados do que o normal, mas ainda abaixo dos limiares estabelecidos para o diagnóstico de diabetes. (OMS; 2016)

4. Sintomas da diabetes

4.1. Sintomas da diabetes tipo 1

A diabetes não se manifesta sempre da mesma forma, com a mesma intensidade e com todos estes sintomas. (Diabète Québec; 2014) De facto, a DM1 surge subitamente e resulta em sintomas como:

- Sede excessiva e boca seca (polidipsia).
- Micção abundante e frequente (poliúria).
- Micção frequente.
- Falta de energia, fadiga extrema.

- Fome constante.
- Perda de peso súbita (emaciação).
- Cicatrização lenta da ferida.
- Infecções recorrentes..... (Nam H.-C. et *al* ; 2013)

4.2. Sintomas da diabetes tipo 2

Os sintomas podem ser semelhantes aos da DM1, mas são frequentemente menos marcados ou estão ausentes. (OMS; 2016)

- Sede excessiva.
- Micção abundante.
- Fadiga.
- Cicatrização lenta da ferida.
- Infecções recorrentes.
- Formigueiro ou dormência nas mãos e nos pés..... (OMS; 2016)

4.3. Sintomas da diabetes gestacional

Na maioria dos casos, a mãe não apresenta sintomas, ou seja, não tem sinais típicos de diabetes (forte sensação de sede, micção frequente, por exemplo). Muitas vezes, são os sintomas inespecíficos que apontam para a diabetes, como o aumento da suscetibilidade a infecções do trato urinário, a hipertensão arterial, o excesso de líquido amniótico ou a elevada excreção de açúcar na urina (Associação Suíça de Diabetes).

5. Factores de risco para a diabetes

5.1. Factores de risco para a diabetes tipo 1

As causas deste processo destrutivo não são totalmente conhecidas, mas está implicada uma suscetibilidade genética combinada com factores ambientais, tais como infecções virais, toxinas ou certos factores alimentares. A doença pode desenvolver-se em qualquer idade, mas o tipo 1 surge mais frequentemente na infância ou na adolescência. (Nam H.-C et *al*; 2017)

5.2. Factores de risco para a diabetes tipo 2

O excesso de peso e a obesidade, juntamente com um estilo de vida sedentário, são considerados responsáveis pela maior parte do peso das doenças relacionadas com a diabetes a nível mundial (OMS; 2016)
Várias práticas alimentares estão associadas a um peso corporal pouco saudável e/ou ao risco de DM2, incluindo a ingestão elevada de ácidos gordos saturados, a ingestão elevada de gorduras totais e a ingestão inadequada de fibras alimentares.

Além disso, o tabagismo ativo (por oposição ao tabagismo passivo) aumenta o risco de diabetes tipo 2. O risco permanece elevado cerca de dez anos após a cessação do tabagismo, regredindo mais rapidamente nos fumadores ligeiros. (OMS; 2016)

5.3. Factores de risco para a diabetes gestacional

A DMG desenvolve-se em resultado da diminuição da ação da insulina (resistência à insulina) devido à produção de hormonas pela placenta (Nam H.-C et *al*; 2017). Outros factores de risco para a diabetes gestacional incluem a idade, o excesso de peso e a obesidade, o aumento excessivo de peso durante a gravidez, a história familiar de diabetes, a diabetes gestacional durante uma gravidez anterior, a história de nado-morto ou de nascimento de um recém-nascido com anomalias congénitas e a presença anormal de glicose na urina durante a gravidez (OMS; 2016).

6. Diagnóstico da diabetes

Os critérios actuais da OMS preconizam a observação de níveis elevados de glicose no sangue para diagnosticar a diabetes. (Nam H.-C et *al*; 2017)

6.1. Açúcar no sangue

O diagnóstico da diabetes baseia-se na medição da glicémia (níveis de açúcar no sangue) e o doente será considerado diabético nas seguintes situações: (Nam H.-C et *al*; 2017)

- Glicemia em jejum (sem ingestão de calorias durante pelo menos 8 horas) superior ou igual a 1,26 g/l ou 7 mmol/l.
- Glicemia em qualquer altura do dia na presença de sinais clínicos de hiperglicemia sinais clínicos de hiperglicemia (poliúria, polidipsia, perda de peso inexplicada frequentemente associada a polifagia) superior ou igual a 2 g/l ou 11,1 mmol/l.

- Glicemia na 2.ª hora de um OGTT (hiperglicemia induzida por via oral de acordo com as recomendações da OMS, utilizando uma carga oral de glucose anidra igual a 75 g dissolvida em água) superior ou igual a 2 g/l ou 11,1 mmol/l.

Os níveis normais de glucose no sangue são inferiores a 1g/l em jejum e inferiores a 1,40g/l na segunda hora de um OGTT.

6.2. Hemoglobina glicosilada (HBA1c)

Durante várias décadas, os critérios de diagnóstico da diabetes basearam-se em valores glicémicos, como a glicemia em jejum ou a glicemia após a ingestão de glicose. Em 2010, a Associação Americana de Diabetes (ADA) aprovou a utilização da hemoglobina glicada como ferramenta de diagnóstico da diabetes e da pré-diabetes. Foram estabelecidos valores-limite para a HBA1c para a diabetes ≥ 6,5% e para a pré-diabetes entre 5,7 e 6,4%. (K. Gariani et *al*; 2011)

O valor do HBA1c como marcador retrospetivo do controlo glicémico em doentes diabéticos está bem estabelecido. O HBA1c é um reflexo cumulativo dos níveis médios de glicose no sangue durante as quatro a seis semanas (e até três meses) anteriores ao teste, e é utilizado na prática atual para avaliar retrospetivamente a eficácia do tratamento. O risco de complicações crónicas, tanto micro como macroangiopáticas, está estreitamente associado aos valores de HBA1c (K. Gariani et *al*; 2011).

B. Nefropatia diabética

1. Definição

A nefropatia diabética (ND) é a complicação microangiopática mais grave da diabetes. Envolve esclerose glomerular e fibrose induzidas pelas alterações metabólicas e hemodinâmicas provocadas pela diabetes mellitus. Manifesta-se por albuminúria lentamente progressiva com agravamento da hipertensão arterial e insuficiência renal. (Navin Jaipaul; 2018)

2. Sintomas da nefropatia diabética

Nas fases iniciais da nefropatia diabética, os diabéticos ainda não sentem nada (sem dor, sem alterações visíveis na urina). É provável que ocorram os seguintes sintomas:

- Acumulação de líquidos nas pernas.

- Fadiga, cansaço.
- Dispneia (dificuldade em respirar).

Os sinais tardios podem incluir aumento de peso e inchaço dos tornozelos (edema). Podem também ocorrer náuseas, vómitos, falta de apetite, fraqueza, comichão, cãibras musculares e anemia.

3. Diagnóstico da nefropatia diabética

De acordo com as recomendações da Autoridade Nacional de Saúde francesa, o diagnóstico da nefropatia diabética deve ser efectuado por :

- **Pesquisa de proteinúria** com tiras reagentes de urina. Este teste deve ser efectuado antes de qualquer teste para microalbuminúria. A fita reagente de urina é mais sensível à albumina do que a outras proteínas. O resultado pode ser :
  - Normal ou insignificante: negativo, traços, 1+ (corresponde a cerca de 0,3 g/l).
  - Anormal: 2+ (corresponde a cerca de 1 g/l), 3+ (corresponde a cerca de 3 g/l) ou 4+ (corresponde a cerca de 5 g/l) (HAS; 2014)
- **A microalbuminúria é medida** numa amostra de urina, sobretudo na primeira micção da manhã. Em caso de resultado positivo, é pedido um teste de microalbuminúria na urina de 24 horas para confirmar o diagnóstico. Os valores que definem a microalbuminúria são os seguintes
  - Amostra de urina: 20-200 mg/mL
  - Urina de 24 horas: 30-300 mg/24h (J.M. Halimil et *al*; 2008)
- **Medição da creatinina em jejum**. Recomenda-se o cálculo da depuração da creatinina, que fornece informações sobre a taxa de filtração glomerular (quadro 1) (Dr. Edmond Renard; 2015).

1Quadro: Interpretação da taxa de filtração glomerular (TFG)

TFG (ml/min)	Descrição
> 90	Taxa de filtração glomerular normal ou aumentada

60 à 90	Taxa de filtração glomerular ligeiramente reduzida
30 à 60	Insuficiência renal moderada
15 à 30	Insuficiência renal grave
< 15	Insuficiência renal em fase terminal

- **A medição da ureia** é considerada um marcador impreciso da função renal. No entanto, observa-se um aumento dos níveis de ureia plasmática em casos de insuficiência renal. (JC Villeneuve; 2010

4. Factores de risco para a nefropatia diabética

Nem todos os diabéticos desenvolvem nefropatia diabética ao mesmo ritmo. Foi demonstrado que os factores genéticos têm uma forte influência (predisposição genética). Além disso, o risco da doença aumenta quando os níveis de açúcar no sangue estão mal controlados e quando hipertensão arterial. Os fumadores também um risco maior do que os não fumadores

5. As diferentes fases da nefropatia diabética

Em função da progressão da nefropatia, esta pode ser dividida em cinco estádios (Pierre Fontaine; 2014):

- **Estádio I: Nefropatia funcional ou hipoperfiltração glomerular**

Caracteriza-se por um aumento do tamanho dos rins, do volume glomerular e da taxa de filtração glomerular. A tensão arterial e a albuminúria são normais.

- **Fase II: Nefropatia silenciosa**

Lesões renais histológicas sem significado clínico. Estas lesões são específicas da diabetes e foram descritas com base em biopsias renais. Alteram a membrana basal dos capilares do glomérulo, que permite a passagem progressiva de moléculas de tamanho crescente.

- **Estádio III: Nefropatia incipiente**

Definida por um aumento da taxa de filtração glomerular, pelo aparecimento de microalbuminúria (excreção urinária de albumina de 30 a 300 mg/24 h) e por um aumento da tensão arterial.

- **Estádio IV: Nefropatia estabelecida ou nefropatia crónica**

Caracterizada pela presença de macroalbuminúria ou proteinúria (excreção urinária de albumina superior a 300 mg/24 h), lesões histológicas, redução da taxa de filtração glomerular, aumento da proteinúria e hipertensão arterial (> 140/90 mm Hg).

- **Fase V: Doença renal em fase terminal (ESRD)**

Caracterizada por obstrução glomerular e taxa de filtração glomerular < 15 ml/min: requer diálise.

6. Insuficiência renal como consequência da nefropatia diabética

6.1. Definição de insuficiência renal

A insuficiência renal é o resultado de uma doença dos rins, caracterizada por uma redução do número de nefrónios, unidades funcionais cujo principal componente é o glomérulo, a pequena esfera na qual o sangue é filtrado e a urina primária é produzida. Tem como consequência um aumento dos níveis sanguíneos de creatinina e de ureia.

6.2. Classificação da insuficiência renal

6.2.1. Insuficiência renal aguda (IRA)

Trata-se de uma forma de insuficiência renal em que a perda da função renal é súbita, mas geralmente reversível. De acordo com os mecanismos envolvidos, existem três tipos de insuficiência renal aguda.

a. Insuficiência renal aguda funcional

Deve-se a uma hipovolémia (redução do volume de sangue circulante, o que provoca uma diminuição do fluxo de sangue para os rins) e pode, por conseguinte, resultar quer de uma descida da pressão arterial, provocada por uma hemorragia, uma insuficiência cardíaca ou um choque, quer de uma desidratação grave ligada a diarreias ou vómitos. Esta forma de insuficiência renal não provoca lesões nos tecidos renais e desaparece com a doença responsável.

b. Insuficiência renal orgânica aguda

É causada por alterações anatómicas dos túbulos (necrose tubular aguda), do tecido intersticial (nefrite intersticial aguda), dos glomérulos (glomerulonefrite) ou dos vasos (nefropatia vascular) do rim. Estas lesões podem ser devidas a uma intoxicação (medicamentos, produtos à base de iodo utilizados nos exames de raios X), a uma reação alérgica, a um processo infecioso ou imunológico, etc

c. Insuficiência renal obstrutiva aguda

A insuficiência renal obstrutiva aguda é causada por uma obstrução (pedra, tumor) no trato excretor (pélvis, ureteres, bexiga)

6.2.2. Doença renal crónica (DRC)

Define-se como uma redução prolongada, frequentemente permanente, da função renal exócrina e endócrina. Exprime-se essencialmente por uma redução da taxa de filtração glomerular (FG) com um aumento da creatinina e da ureia no sangue (uraemia) devido a uma redução da depuração da creatinina. Esta situação pode conduzir a uma doença renal em fase terminal (DRT), que exige uma substituição renal suplementar (RRE) por hemodiálise ou diálise peritoneal e/ou transplante renal.

6.3. Sintomas de insuficiência renal

O sinal clínico mais revelador da insuficiência renal aguda é a anúria (paragem de toda a produção de urina pelos rins). Contudo, o volume de urina pode apenas diminuir ou pode mesmo manter-se normal: neste último caso, fala-se de insuficiência renal aguda com diurese retida. Podem surgir alguns sintomas particularmente graves: hipercalemia (que pode provocar problemas cardíacos graves), edema pulmonar agudo, acidose e hiponatrémia

A insuficiência renal crónica é quase sempre complicada por uma anemia ligada a uma diminuição da secreção de eritropoietina (hormona que estimula a produção de glóbulos vermelhos pela medula óssea) pelo rim, o que provoca fadiga, falta de ar e dificuldade de esforço físico. A hipertensão arterial é frequentemente observada.

6.4. Tratamento e prevenção da nefropatia diabética

É muito importante regular os níveis de açúcar no sangue e tratar e controlar a hipertensão arterial para evitar a ND. De facto, o tratamento medicamentoso envolve geralmente preparações do grupo dos inibidores da enzima de conversão (ACE). A utilização destas preparações atrasa a progressão da nefropatia.

Atualmente, é possível prevenir o aparecimento de lesões renais em pessoas com diabetes. Neste contexto, é importante um tratamento ótimo e uma monitorização regular da pressão arterial, do açúcar no sangue e da microalbuminúria. Além disso, os doentes devem evitar os medicamentos que têm efeitos secundários a nível renal. Estes incluem determinados analgésicos anti-inflamatórios.

Materiais e métodos

A. Hardware

1. Enquadramento do estudo

Trata-se de um estudo prospetivo efectuado no laboratório de análises clínicas

2. População estudada

O estudo que efectuámos envolveu 65 doentes diabéticos com ou sem nefropatia diabética. Os doentes foram selecionados com base no sexo, na idade e nas complicações renais.

B. Métodos

1. Recolha de dados

Os dados clínicos foram recolhidos através de um ficheiro descrito pelo médico. Os parâmetros bioquímicos estudados foram medidos apenas no sangue: glicémia, HBA1c, creatinina, ureia e ácido úrico.

2. Colheita de sangue venoso

A colheita de sangue foi efectuada da seguinte forma: foi colocado um torniquete à volta do antebraço para que a veia ficasse saliente e, em seguida, a pele foi limpa com um algodão embebido em álcool antes de ser picada com uma seringa esterilizada. O sangue recolhido foi colocado em tubos secos ou colhido em heparina ou EDTA. Após o descolamento, o sangue coagulado foi centrifugado a 5000 rpm durante 20 minutos. O soro foi então recuperado para os vários ensaios bioquímicos.

3. Métodos de medição de parâmetros bioquímicos

3.1. Teste de glucose no sangue

3.1.1. Glicose no sangue: (glicemia em jejum)

Trata-se de um método enzimático baseado na glucose oxidase e na peroxidase. Os resultados são calculados automaticamente pelo analisador Konelab 20 E através de uma curva de calibração.

Princípio

Este método utiliza a glucose oxidase (GOD) e uma reação de Trinder modificada catalisada pela peroxidase (POD). A glucose é oxidada em ácido glucónico pela glucose oxidase, com a formação de uma quantidade equimolar de peróxido de hidrogénio. Na presença da peroxidase, a 4-aminoantipirina e o fenol sofrem uma reação de oxidação com o peróxido de hidrogénio, dando origem a um corante quinoneimina vermelho. A intensidade da cor produzida por esta reação é medida a 510 nm e é proporcional à concentração de glucose na amostra

$$\text{Glucose} + O_2 + H_2O \xrightarrow{\text{GOD}} \text{Acide gluconique} + H_2O_2$$

$$2\,H_2O_2 + \text{Phénol} + \text{4-Amino-antipyrine} \xrightarrow{\text{POD}} \text{Quinonéimine rouge} + 4H_2O$$

Como funciona

1- Colocar os reagentes à temperatura ambiente.

2- Pipetar para tubos de ensaio de acordo com o quadro 2 :

2Quadro: Procedimento de preparação das soluções para o teste da glicemia

	Branco	Padrão	Amostra
Padrão de glicose	--	10µl	--
Amostra	--	--	10µl
Reatividade no trabalho	1ml	1ml	1ml

3- Agitar bem e incubar os tubos durante 10 minutos à temperatura ambiente (16 a 25°C) ou durante 5 minutos a 37°C.

4- Ler a absorvância do padrão e da amostra em relação ao branco a 510 nm. A cor é estável durante pelo menos 2 horas.

Cálculo

Glicose = (D.O. da amostra / D.O. padrão) × n

Com n= 1g/l

Intervalo de referência [0,7 - 1,1] g/l

Este método requer a utilização dos seguintes reagentes:

Reagente 1 (tampões) : - Tampão fosfato (pH= 7,5) 100 mmol/l

- Solução tampão: Fenol 5 mmol/l

Reagente 2 (enzimas) : - Glucose oxidase > 10 U/l

- Peroxidase >1 U/l

- 4-Amino-antipirina 0,4 mmol/l

Reagente 3 (padrão) : - Glucose 1g/l

3.1.2. Hemoglobina glicada (HBA1c) :

Trata-se de uma técnica cromatográfica automatizada de permuta iónica (HPLC: HLC-723GX) (foto 1).

Princípio

Com base no princípio da cromatografia líquida de alta eficiência ou HPLC, o analisador utiliza uma coluna de permuta catiónica para separar os componentes da hemoglobina de acordo com as diferenças nas interações iónicas. Os diferentes componentes da hemoglobina são rapidamente separados. Para a separação, é utilizado um gradiente progressivo combinado com um gradiente linear com três concentrações iónicas diferentes.

Quando a análise estiver concluída, o cromatograma e as percentagens das diferentes fracções de hemoglobina são automaticamente impressos.

Este método cromatográfico requer a utilização de três tampões de eluição para a separação e uma solução de lavagem.

Intervalo de referência: inferior a 6,2%.

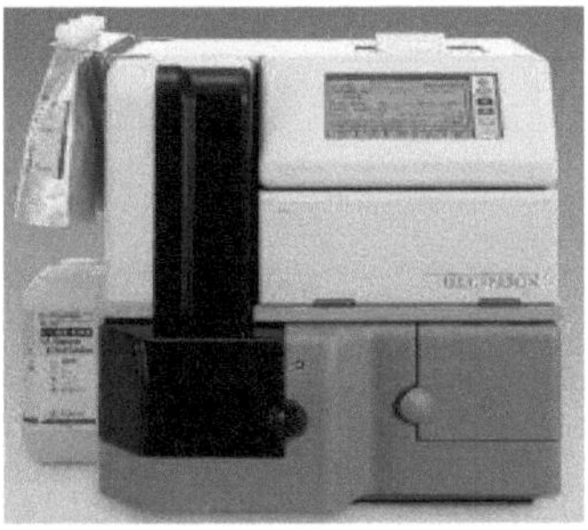

Foto1: Aparelho para medir a hemoglobina glicada

3.2. Avaliação renal

3.2.1. Creatinina

Trata-se de um método colorimétrico automatizado: ensaio cinético sem desproteinização pelo método de Jaffé e um analisador Konelab 20 E.

Princípio

Na presença de ácido pícrico e em solução alcalina, a creatinina forma um complexo de coloração vermelho-alaranjada. A variação da absorvância deste complexo, medida em momentos específicos, é proporcional à concentração de creatinina (Jaffé M.; 1886) e é medida a 492 nm. As amostras de soro e plasma contêm proteínas que reagem de forma não específica no método de Jaffé (Jaffé M.; 1886).

$$\text{Créatinine + Acide picrique} \xrightarrow{\text{PH alcalin}} \text{Complexe créatinine-picrate}$$

Como

Comprimento de onda: ....492 nm (490 - 510)

Temperatura: ....25 - 30 ou 37 °C

Célula: 001 cm de espessura

- Zerar o espetrofotómetro com ar ou água destilada.

3Quadro: Procedimento para a preparação de soluções para a determinação da creatinina

	Padrão	Amostra
Padrão	100µl	--
Amostra	--	100µl
Reatividade no trabalho	1ml	1ml

Misturar e ler as densidades ópticas OD1 após 30 segundos. Em seguida, ler DO2 exatamente 1 minuto depois.

Cálculo

Calcular ΔDO = OD2 - OD1 para o padrão e para as amostras.

Creatinina = (ΔD O Amostra / Δ D O Padrão) ×n

Em que: n = 20 mg/l

Intervalo de referência Homem: [7-14] mg/l

Feminino: [6 -11] mg/l

Este método requer a utilização de três reagentes principais:

Reagente 1: hidróxido de sódio 04 mol/l

Reagente 2: ácido pícrico 25 mmol/l

R eagente 3: creatinina padrão 20 mg/l

3.2.2. Ureia

Trata-se de um método enzimático automatizado baseado na urease e no glutamato (analisador Konelab 20 E).

Princípio

A ureia é hidrolisada na presença de água e urease para formar amoníaco e dióxido de carbono. Na presença da glutamato desidrogenase (GLDH) e do NADH na forma reduzida, o amoníaco combina-se com o α-cetoglutarato para formar L-glutamato.

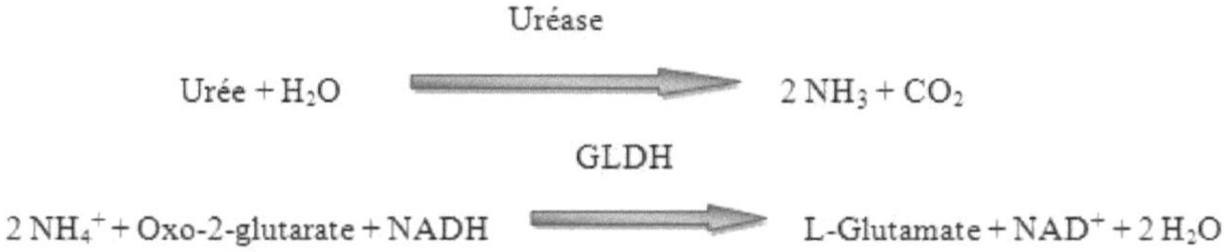

+A diminuição da absorvância devida à conversão de NADH em NAD, medida durante um determinado tempo a 340 nm, é proporcional à concentração de ureia na amostra.

Como funciona

Comprimento de onda: ....340 nm

Temperatura: .... 25-30-37°C

Célula: 001 cm de espessura

- Zerar o espetrofotómetro com ar ou água destilada.

4Quadro: Processo de preparação das soluções para a determinação da ureia

	Garanhão	Dosagem
Solução de trabalho	1ml	1ml
°Pré-incubar à temperatura escolhida (25, 30 ou 37 C).		
Reagente 3 (padrão)	10µl	--
Amostra	--	10µl

Misturar, medir a diminuição da DO entre: t = 20 segundos e t = 80 segundos.

Cálculo

Calcular ΔDO = OD2 - OD1 para o padrão e para as amostras.

Ureia = (ΔD.O. Amostra / ΔD.O. Padrão) x n

Com n= 0,50 g/l

Intervalo de referência [0,15-0,45]

Este método requer a utilização de 3 tipos de reagentes:

Reagente 1 (tampões) : - Tampão Tris (pH 8,0) 100 mmol/l

Reagente 2 (enzimas) : - Urease > 140 U/ml

- GLDH >140 U/ml
- NADH 1,5 mmol/l
- Oxo-2glutarato 5,6 mmol/l

Reagente 3 (padrão) : - ureia padrão 8,325 mmol/l

3.2.3 Ácido úrico

Trata-se de um teste enzimático fotométrico automatizado com "TBHBA" (ácido 2,4,6-tribromo-3-hidroxibenzóico) (analisador Konelab 20E).

Princípio

O ácido úrico é oxidado em alantoína pela uricase. O peróxido de hidrogénio formado reage com a 4-aminoantipirina e o ácido 2,4,6-tribromo-3-hidroxibenzóico (TBHBA) para formar a quinona imina (DiaSys; Diagnostic Systems).

O aumento resultante da absorvância a 520 nm (500-550 nm) é proporcional à concentração de ácido úrico na amostra.

Uricase

Acide urique + 2 H_2O + O_2 ⟶ Allantoïne + CO_2 + H_2O_2

POD

TBHBA + 4-Aminoantipyrine + 2 H_2O_2 ⟶ Quinone imine + 3 H_2O

Como funciona

Comprimento de onda:........................ 520 nm - 550

Arco-íris‖001 cm

Temperatura............................... 20 - 25 °C ou 37 °C

Ajustar o zero do espetrofotómetro ao branco do reagente.

5Quadro: Processo de preparação das soluções para a determinação do ácido úrico

Tubos	Branco	Amostra/padrão
Amostra/Padrão	--	20 μL
Água destilada	20 μL	--
Reagente 1	1000 μL	1000 μL
Misturar e incubar durante 5 minutos.		
Reagente 2	250 μl	250 μl

Misturar, incubar 30 min a 20 -25°C ou 10 min a 37°C. Ler a absorvância em relação ao branco do reagente dentro de 60 min.

Cálculo

Ácido úrico = (D.O. Amostra / D.O. Padrão) x n

Em que: n = 60 mg/l.

Intervalo de referência 30 - 70] mg/l

Este método requer a utilização de três reagentes principais:

Reagente 1 (tampões) : - Tampão fosfato (pH 7,4) 100 mmol/L

- TBHBA (ácido 2, 4, 6-tribromo-3-hidroxibenzóico) 1,15 mmol/L

Reagente 2 (enzimas) : ≥- Uricase N

150 U/L

- Peroxidase N ≥ 10 kU/L

-4-Aminoantipirina N 1,5

mmol/L

-K4 [$Fe(CN)_6$] N 50

µmol/L

Reagente 3 (padrão) : - Ácido úrico 0,06 g/L (357 µmol/L)

4. Estudo estatístico

A análise estatística foi efectuada com recurso ao programa Excel (cálculo de médias e desvios-padrão). Os testes t de Student foram utilizados para as comparações de médias. Para todas as análises, um valor de p inferior a 0,05 foi considerado significativo.

Resultados e discussão

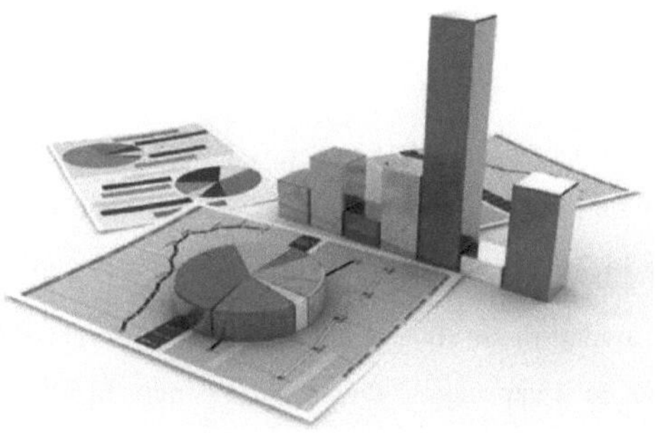

1. Estudo epidemiológico

1.1 Repartição dos doentes por idade

A repartição dos doentes por grupo etário é apresentada na Figura 1:

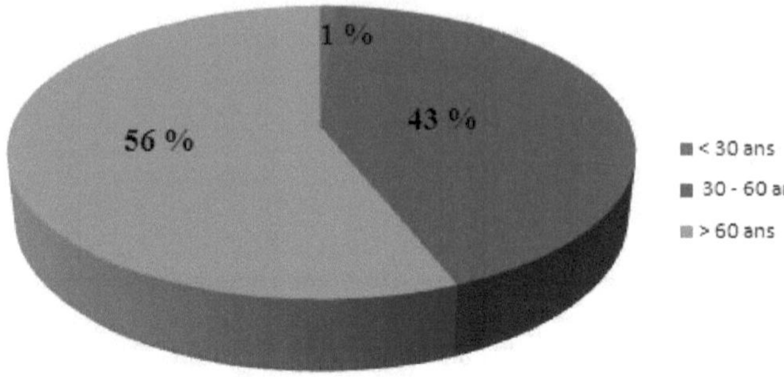

1Figura: Repartição dos doentes por grupo etário (n=65)

Verificámos que 43% dos doentes tinham idades compreendidas entre os 30 e os 60 anos, 56% tinham mais de 60 anos e apenas 1% tinha menos de 30 anos. Na nossa população, encontrámos uma média de idades igual a 62,78 ± 13,70. (Fig.1)

Estes resultados são semelhantes ao estudo de N. Khélifi et *al*, 2011 que encontrou uma média de idade igual a 56,5 ± 13,92 e ao estudo de Eleuchi Art et *al*, 2019 que também encontrou uma média de idade de 60,06 ± 13,3.

Em contraste, Ach Taieb et *al*, 2018 encontrou uma idade média de 34 ± 14,33 com extremos que variam de 13 a 77 anos. Além disso, H.Zouari et *al* ,2012 mostraram uma idade média de 50 ± 14,7 com extremos que variam de 18 a 77 anos.

As pessoas com mais de 60 anos são as mais afectadas pela diabetes. Isto pode ser explicado pelo facto de a capacidade do organismo para produzir e utilizar insulina diminuir com a idade, levando ao desenvolvimento de diabetes nos idosos.

1.1. Repartição dos doentes por sexo

A repartição dos doentes por género é apresentada na Figura 2.

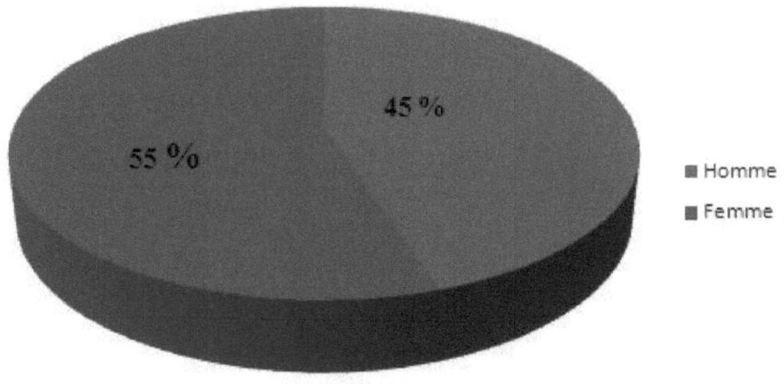

2Figura: Repartição dos doentes por género (n=65)

A nossa população de estudo (n=65) estava dividida da seguinte forma: 29 homens (45%) e 36 mulheres (55%), com um rácio entre sexos de 0,8. Assim, demonstrámos que o risco de doença diabética é maior nas mulheres do que nos homens (Fig. 2).

De acordo com os nossos resultados, foi confirmada uma predominância feminina no estudo de H.Zouari et *al*, 2012 (65% mulheres e 35% homens) e E.B. Ould Isselmou et *al*, 2010 (45,2% homens e 54,8% mulheres). Este facto foi explicado, segundo Frank Mauvais-Jarvis et *al*, 2017, pelo efeito das hormonas femininas.

De facto, através dos seus receptores, os estrogénios melhoram a secreção de insulina e a sensibilidade à insulina, protegendo simultaneamente as células β pancreáticas contra o stress metabólico. Foi observado um risco acrescido de desenvolver diabetes (nomeadamente de tipo 2) na menopausa, quando os estrogénios diminuem.

Em contrapartida, o estudo de N. Khélifi et *al*, 2011, mostrou que os homens eram mais afectados pela diabetes do que as mulheres (53% contra 47%, respetivamente).

1.2. Repartição dos doentes de acordo com as complicações renais

Relativamente às complicações renais, demonstrámos que, na população estudada, apenas 7 casos, equivalentes a 11%, apresentavam complicações renais de gravidade variável, enquanto os restantes 58 casos, ou seja, 89%, tinham uma função renal normal (fig. 3). Assim, a incidência de complicações renais em indivíduos diabéticos é de 11%. Este valor bastante elevado mostra que a nefropatia é uma complicação renal que pode afetar os diabéticos. Os nossos resultados são semelhantes aos de H . Ibrahim et *al*, 2011, em que 21,5% da sua população estudada sofria de ND. Em contrapartida, N. Khélifi et *al*, 2011, mostraram que 60% da sua população de estudo tinha ND

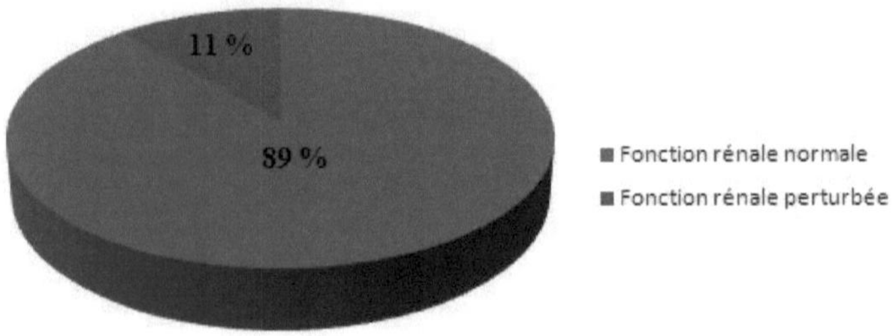

3Figura: Distribuição dos doentes de acordo com as complicações renais (n=65)

Mostrámos também que os doentes com função renal normal se distribuem da seguinte forma: 50% homens e 50% mulheres, enquanto os doentes com ND são todos do sexo feminino (Fig. 4).

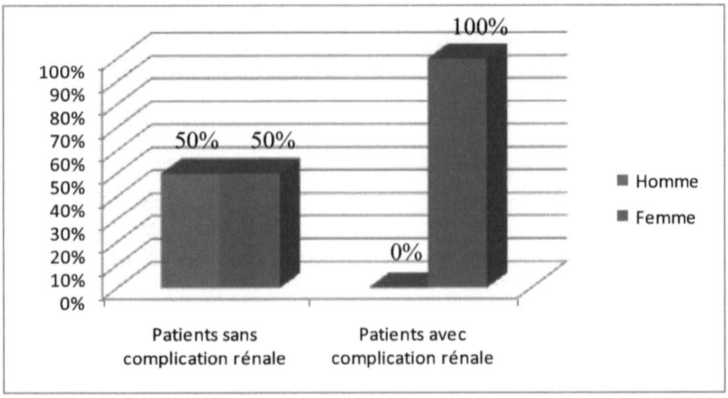

4Figura: Distribuição por género dos doentes com e sem complicações renais (n=65)

Isto pode dever-se ao facto de as mulheres estarem mais expostas ao desenvolvimento de doenças metabólicas, principalmente diabetes, devido à produção de hormonas sexuais e à alteração do perfil hormonal caraterística da menopausa.

2. **Estudo dos parâmetros bioquímicos plasmáticos**

2.1.Estudo dos marcadores glicémicos

2.1.1. Glicemia em jejum

Os resultados da glicemia em jejum dos pacientes que consultaram o nosso laboratório durante o período de formação são apresentados na Tabela 6.

6Tabela: Valores médios de glicemia dos pacientes estudados.

	Valores habituais	**Média ± desvio padrão**
Glicose no sangue (g/l)	[0,7 - 1,1]	1,98 ± 0,76 (n=65)
HBA1c (%)	Menos de 6,2	8,4 ± 1,70 (n= 54

Verificámos um aumento da glicémia em jejum nos doentes (n=64) com uma média igual a 1,98 ± 0,76 g/l. (Tabela 6).

Além disso, 56 casos (86%) apresentavam níveis de glucose no sangue em jejum acima do normal, em comparação com apenas 9 casos (14%) com níveis normais de glucose no sangue. (Fig.5)

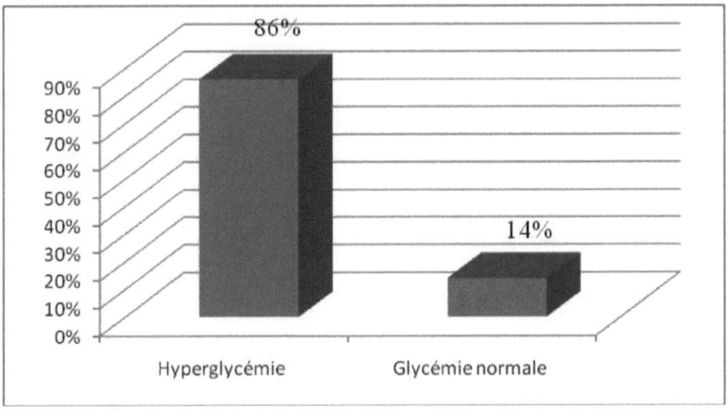

5Figura: Distribuição dos doentes de acordo com o nível de glucose no sangue (n=65)

De acordo com Ach Taieb et *al*, 2018, o nível médio de glicose no sangue para a sua população de estudo foi de 3,09 ± 1,01 g/l.

Os nossos resultados também mostram que os níveis de glucose no sangue são mais elevados nos doentes com nefropatia diabética (2,52±0,95 g/l) do que nos doentes sem nefropatia diabética (1,92±0,72 g/l). (Tabela 7)

7Tabela : Marcadores glicémicos em doentes com e sem complicações renais

	Indivíduos sem complicações renais	Indivíduos com complicações renais
Glicose no sangue (g/l) (n=65)	1,92 ± 0,72 (n=58)	2,52 ± 0,95 (n=7)
HBA1c (%) (n=54)	8,28 ± 1,60 (n=47)	9,2 ± 2,24 (n=7)

Este facto é confirmado por Roussel, 2011, que demonstrou que a hiperglicemia desempenha um papel causal na fisiopatologia das fases iniciais da nefropatia diabética e exacerba os danos renais. De facto, os níveis elevados de açúcar ou de glicose no sangue podem danificar a membrana das artérias e levar a um aumento da pressão arterial. Este aumento obriga os rins a filtrar uma quantidade excessiva de sangue, o que leva ao esgotamento e à deterioração dos nefrónios e, consequentemente, ao aparecimento da nefropatia diabética

2.1.2. Hemoglobina glicada

Os níveis médios de hemoglobina glicada em 54 dos doentes diabéticos estudados são apresentados na tabela 6.

Equivale a 8,4 ± 1,70%, o que está muito acima da norma (<6,2%) (Tabela 6). Para além disso, apenas 15% da nossa população apresentava níveis normais de HBA1c, enquanto 85% tinham valores de HBA1c acima do limiar (Fig. 6).

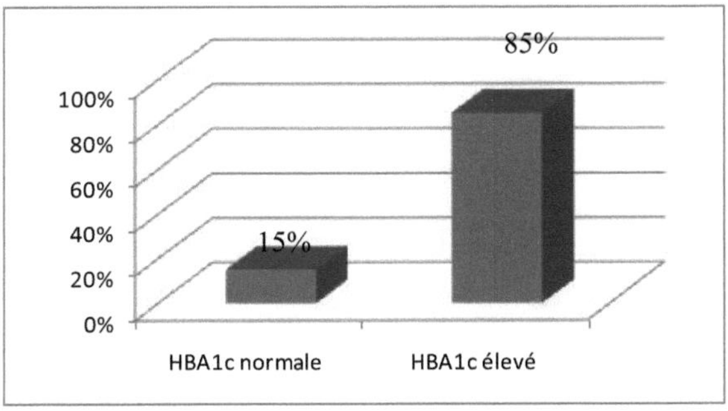

6Figura: Distribuição dos doentes de acordo com o nível de HbA1c (n=54)

Estes resultados estão de acordo com os encontrados por Ibrahim Hamat et *al*, (2016) onde 74,5% da sua população tinha uma hemoglobina glicada acima do suposto valor normal. Enquanto Sylviane Deletre et *al* (2016) encontrou uma média de HbA1c para todos os pacientes igual a 6,85 ± 1,26%.

Em contraste, Ach Taieb et *al*, 2018 mostrou uma média de HBA1c igual a 12,17± 2,31%.

No entanto, o controlo da HbA1c está intimamente ligado à prevenção das complicações micro e macrovasculares associadas à diabetes, em particular a ND. (HAS, 2013)

Mostrámos que a média de HBA1c era mais elevada em doentes com nefropatia diabética (9,2±2,24%) do que em doentes sem nefropatia diabética (8,28±1,60%). (Tabela 7)

Sugerimos que pode existir uma relação entre o aumento dos níveis de hemoglobina glicada e o desenvolvimento de nefropatia diabética.

2.2. Estudo dos marcadores renais

2.2.1 Creatinina

Os marcadores renais (creatinina, ureia e ácido úrico) nos doentes diabéticos são apresentados na Tabela 8. Verificámos que o nível médio de creatinina plasmática era de 16,90 ± 15,59 mg/l, muito acima da norma (Tabela 8).

8Tabela: Níveis médios de creatinina, ureia e ácido úrico nos doentes estudados.

	Valores habituais	Média ± desvio padrão
Creatinina (mg/l)	[7 - 14]: Masculino [6 - 11] : Feminino	16,90 ± 15,59 (n=59)
Ureia (g/l)	[0,15 - 0,45]	0,71 ± 0,47 (n=27
Ácido úrico (mg/l)	[30 - 70]	71,16 ± 25,53 (n=31)

De facto, 27 doentes da nossa população, ou seja, 46%, apresentavam níveis normais de creatinina, enquanto 47% apresentavam hipercreatininemia com um valor máximo de 86 mg/l e 7% apresentavam hipocreatininemia. (Fig.7)

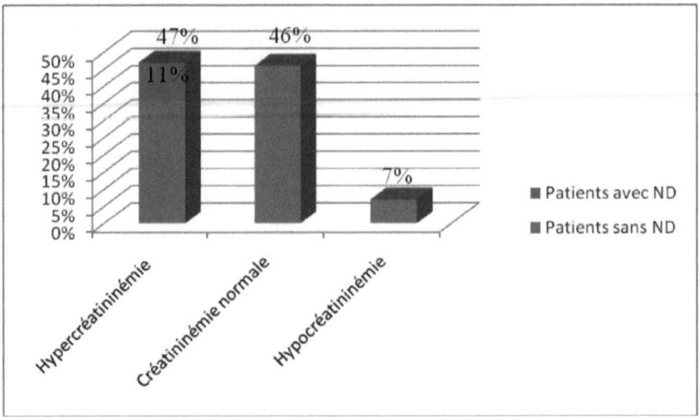

7Figura: Distribuição dos doentes com e sem ND de acordo com o nível de creatinina (n=59)

A creatinina foi considerada durante muito tempo o melhor marcador endógeno da filtração glomerular.

De acordo com os nossos resultados, 47% dos nossos indivíduos apresentavam níveis de creatinina supra-fisiológicos, dos quais apenas 11% apresentavam nefropatia diabética (fig.7). Este facto leva-nos a afirmar que a creatinina é um excelente marcador para avaliar a função renal. Foi possível estabelecer uma correlação entre os níveis de creatinina plasmática e o grau de complicação renal. Ao mesmo tempo, vários estudos demonstraram que a creatinina não é um diagnóstico de insuficiência renal precoce (Dussol, 2011), nomeadamente nos idosos, pois o seu valor depende do sexo, da massa muscular e da alimentação do indivíduo (Roland et *al*, 2011).

2.2.2 Ureia

Com base na Tabela 8, verificamos que a média da uremia nos 27 doentes isolados é baixa, igual a 0,71 ± 0,47 g/l.

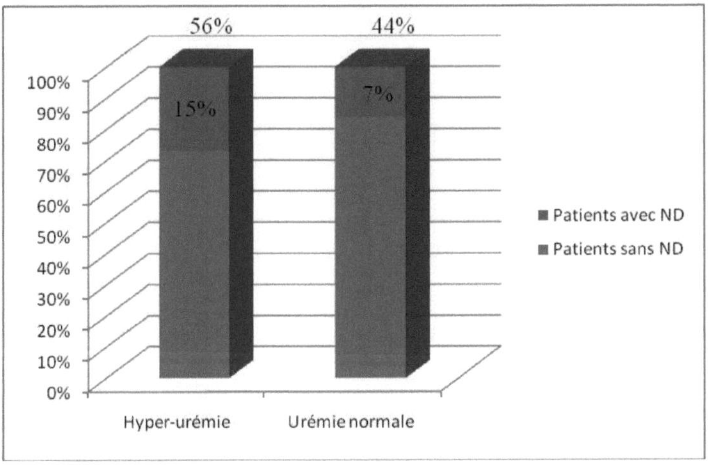

8Figura: Distribuição dos doentes com e sem ND de acordo com os níveis de ureia (n=27)

Verificámos que 44% apresentavam níveis fisiológicos normais, enquanto 56% apresentavam hiper-urémia com um valor máximo de 1,74 g/l (fig.8).

Os nossos resultados de uremia mostraram que quase metade da nossa população tem hiper-urémia. Isto significa que a função renal está comprometida, mas esta deficiência pode ser diabética ou de outras origens. Foi sugerido que os níveis de ureia podem aumentar proporcionalmente ao grau de lesão renal.

Além disso, verificámos que 15% dos doentes hiper-urémicos têm ND (fig.8). Jamoussi et *al*, 2005 demonstraram que qualquer aumento da ureia no sangue reflecte um défice na função excretora dos rins. Quanto mais a função renal estiver comprometida, mais a ureia se acumula no sangue e torna-se um fator tóxico.

2.2.3 Ácido úrico

A Tabela 8 mostra que o nível médio de ácido úrico em 31 doentes foi de 71,16 ± 25,53 mg/l. Assim, 45% dos indivíduos tinham hiperuricemia (>70 mg/l) com um valor máximo de 123 mg/l e 55% tinham uricemia normal. (Fig.9)

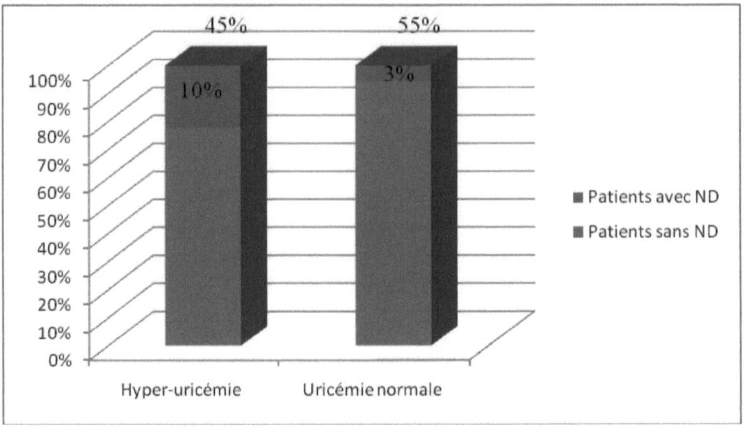

9Figura: Distribuição dos doentes com e sem ND de acordo com o nível de ácido úrico (n= 31)

Estes resultados estão próximos dos encontrados por Bouattar et *al*, 2009, onde mostraram um nível médio igual a 47±12,3 mg/l no grupo de diabéticos sem complicações e 76±24 mg/l nos casos de insuficiência renal.

O aumento da uricemia explica-se pela progressão linear da insuficiência da função renal e pela incapacidade de eliminar os resíduos catabólicos.

Mostrámos que 10% dos doentes com hiperuricemia são ND. (Fig.9)

Segundo Kang et *al*., 2002, a hiperuricemia é considerada um marcador de disfunção renal e não um fator de risco para a progressão da lesão renal. Do mesmo modo, o estudo efectuado por N. Khélifi e colegas em 2012 mostrou que o ácido úrico está correlacionado com a função renal nos diabéticos.

Conclusões e perspectivas

Conclusões e perspectivas

O presente trabalho é um estudo prospetivo dos doentes diabéticos que consultaram o laboratório de análises clínicas com o objetivo de estudar os parâmetros clínicos e bioquímicos associados às complicações relacionadas com a diabetes, nomeadamente o comprometimento renal por nefropatia diabética.

É evidente que, longe das alterações histológicas que iniciam a lesão renal que permanecem assintomáticas durante vários anos, o diagnóstico tardio, quer a nível biológico através de análises bioquímicas, quer a nível clínico através de sintomas resultantes de complicações mais avançadas, continua a ser um problema para uma gestão eficaz. O diagnóstico da doença através da análise e monitorização dos parâmetros é sempre uma prioridade máxima, especialmente fases iniciais da lesão renal.

Os resultados do nosso estudo mostraram que :

- 43% dos doentes tinham idades compreendidas entre os 30 e os 60 anos, 56% tinham mais de 60 anos e apenas 1% tinham menos de 30 anos.
- o risco de doença diabética é mais elevado nas mulheres do que nos homens (45% homens vs 55% mulheres).
- 11% tinham complicações renais e eram 100% do sexo feminino. Enquanto 89% tinham uma função renal normal, com uma divisão de 50/50 entre homens e mulheres.
- 86% tinham níveis de açúcar no sangue em jejum acima do intervalo normal, enquanto apenas 14% tinham níveis normais de açúcar no sangue. O nível médio de glucose no sangue foi de 1,98 ± 0,76 g/l.
- Os níveis de glucose no sangue eram mais elevados nos doentes com nefropatia diabética (2,52±0,95 g/l) do que nos doentes sem nefropatia diabética (1,92±0,72 g/l).
- 15% apresentaram níveis normais de HBA1c, enquanto 85% tinham valores de HBA1c acima do limiar. A média de HBA1c foi de 8,4 ± 1,70%.
- A HBA1c média foi mais elevada nos doentes com ND (9,2±2,24%) do que nos doentes sem ND (8,28±1,60%).

- 46% tinham níveis normais de creatinina, 47% tinham hipercreatininémia, incluindo 11% com ND e 7% com hipocreatininémia. A creatinina média foi de 16,90 ± 15,59 mg/l.
- 44% tinham níveis normais de ureia, enquanto 56% tinham hiper-ureia, dos quais 15% tinham ND. O valor médio da ureia foi de 0,71±0,47 g/l.
- 55% tinham uricemia normal e 45% tinham hiperuricemia, incluindo 10% com ND. A uricemia média foi de 71,16 ± 25,53 mg/l.

Este estudo é ainda preliminar e requer estudos mais aprofundados. Neste contexto, e como perspectivas para o nosso trabalho, seria interessante :

- Prosseguir a investigação através da realização de trabalhos sobre uma população mais vasta.
- Avaliar outros parâmetros do perfil glicémico e renal, como a microalbuminúria, a proteinúria, a química da urina, etc.
- Prosseguir a investigação num modelo animal para compreender melhor os mecanismos de ação destes acontecimentos que conduzem ao desenvolvimento da nefropatia diabética.
- Técnicas mais sofisticadas do que as bioquímicas, como os métodos de radioisótopos e a cintigrafia com DMSA (ácido dimercaptosuccínico).

Referências

Referências

A

- Association suisse de diabète ; www. diabetesuisse.ch .
- Abid Mohamed, président de la société tunisienne d'endocrinologie, diabète et malades métaboliques (STEDIAM) Par African Manager, 9 novembre 2017.
- Agence nationale d'accréditation et d'évaluation en santé : SUIVI DU PATIENT DIABETIQUE DE TYPE 2 A L'EXCLUSION DU SUIVI DES COMPLICATIONS
  TEXTE DES RECOMMANDATIONS ; Janvier 1999.
- Ach Taieb1, &, Asma Ben Cheikh2, Yosra Hasni1, Amel Maaroufi1, Maha Kacem1, Molka Chaieb1, Koussay Ach1 (2018) : Etude sur le diabète aigu cétosique inaugural dans un hôpital du Centre Est Tunisien ; Service d'Endocrinologie et Diabétologie CHU Farhat Hached, Sousse, Tunisie, 2Service d'Hygiène Hospitalière CHU Farhat Hached, Sousse, Tunisie.
- Agence de la santé publique du Canada - Diabetes in Canada: Facts and figures from a public health perspective ; 2011.

B

- BioSystems S.A. Costa Brava 30,08030 Barcelona (Spain).
- Biolabo ; fabricant Biolabo SAS, les hautes Rives 021601, Marzy, France. www.biolabo.fr
- Bouattar T., Ahid S., Benasila S., Mattous M., RhooH. , et al. (2009) : .Les facteurs de progression de la néphropathie diabétique : prise en charge et évolution. Néphropathie et Thérapeutique. 5 :181-87

C

- Catalogue en PDF – Biomaghreb ; www.biomaghreb.com

D

- Dr Karim Gariani, Dr Christel Tran, Pr Jacques Philippe : Hémoglobine glyquée nouvel outil de dépistage ? Rev Med Suisse 2011 ; 7 : 1238-42.
- Docteur Jocelyne MAURIZI-BALZAN, Professeur Philippe ZAOUI-Mars 2004

Dr Edmond Renard Médecin biologiste, DFG (DÉBIT DE FILTRATION GLOMÉRULAIRE) Mai 2015.

- DiaSys Diagnostic Systems GmbH ; IVD Alte Strasse 9 65558 Holzheim (Allemagne)
- Dr Frank Mauvais-Jarvis ; Diabète : traiter les hommes et les femmes différemment?, 5 décembre 2017.
- Dussol B. (2011) : Méthodes d'exploration de la fonction rénale : intérêt et limites des formules permettant d'estimer la fonction rénale ; Immuno-analyse et biologie spécialisée. 26 : 6-12 .

_E_

- Équipe de professionnels de la santé de Diabète Québec, Mai 2014 (mise à jour novembre 2019).
- Eleuchi A, Bachrouch M, B Hassine A, B Mefteh N, Bayar M, Naffeti E, Ammar Y. Service des Urgences-SMUR CHU Maamouri Nabeul, Tunisie. **INFECTION URINAIRE CHEZ LE DIABÉTIQUE : ÉTUDE DE 46 CAS -P214**
- E.B. Ould Isselmou, N. Abdoul, L. Abdoulaye, P. Abdoulaye, K. Mourtalla, D. Boubacar, T. Moreira Diop (2010) ; Aspect épidémiologique, et diagnostique de la néphropathie chez le diabétique : étude rétrospective - P35.

_H_

- Haute autorité de santé, Prévention et dépistage du diabète de type 2 et des maladies liées au diabète, Octobre 2014
- H. Zouari, I. Farhat, J. Abdelhedi, R. Jomli, R. Damak, F. Nasef, N.Zouari (2012) : Trouble boulimique, trouble anxiodépprisif et diabète : à travers une étude de 65 patients diabétiques.- P341
- H. Ibrahim, F. Ben Mami, H. Jelassi, A. Ben Hammouda, A.Temessek, S. Dakhli, A. Achour (2011) : Profil des patients diabétique au cours d'un mois d'urgence.
- Haute autorité de santé, Stratégie médicamenteuse du contrôle glycémique du diabète de type 2, Janvier 2013.

J

- J.M. Halimi, S. Hadjadj, V. Aboyans, F.A. Allaert, J.Y. Artigou, M. Beaufils, G. Berrut, J.P. Fauvel H. Gin, A. Nitenberg, J.C. Renversez, E. Rusch, P. Valensi, D. Cordonnier (2008) : Microalbuminuria and urinary albumin excrétion: French guidelines.
- Jaffé M. (1886).Uber den Niederschlag. WelchenPikrinsaure in normalern. Harncrzeugtun du bereinenenеReaction des Kreatinins Z. PhysiolChem, Vol. 10, P. 391-400.
- Jamoussi K., Ayedi F., AbidaN., Kamoun K., et al. (2005) : Profil lipidique dans l'insuffisance rénale chronique au state d'hémodialyse. Pathologie Biologie. 53 : 217-20.
- JC Villeneuve, 2010, Physiologie et physiopathologie rénales.

K

- Kang D.H., Nakagawa T., Feng L., Watanabe S., Lin Han et al. (2002): A role for uric acid in the progression of renal disease. J.Am. Soc. Nephrol. 13 : 2888-97.

L

- La revue d'information de la Société Francophone du Diabète Paramédical Les stades de la néphropathie diabétique par Pierre Fontaine CHRU Lille, 2014
- Larousse Médical encyclopédie.

N

- Nam H.-C. et al (2013). Atlas du diabète de la FID, 6ème édition, Fédération internationale du diabète, P. 22-110.

- Nam H.-C. et al (2017). Atlas du diabète de la FID, 8ème édition, Fédération internationale du diabète.

- Navin Jaipaul, janv. 2018 MD, MHS, Loma Linda University School of Medicine ; Le manuel MSD Version pour professionnel de la santé.

❖ N. Khélifi, E. Khadhraoui, N. Trabelsi, A. Falfoul, F. Ben Mami, S. Dakhli, A. Achour (2011) ; La néphropathie diabétique : profils clinique et épidémiologique - P232, Service (C) de diabétologie et nutrition à l'Institut National De Nutrition, Tunis, Tunisie.

O

❖ **Organisation mondiale de la santé 2016** (World Heath Organization 2016): **Rapport mondial sur le diabète situation générale.** www.who.int

R

❖ Roussel R. (2011) : Histoire naturelle de la néphropathie diabétique. Médecine des maladies métaboliques Vol. 05. Suppl.1 :8-13.

❖ Roland M., Guiard E., Kerras A., Jacquot C. (2011) : Pourquoi la clairance da la créatinine doit-elle céder la place aux formules d'estimation du DFG ? ; Revue francophone des laboratoires. 429 Bis : 28-31.

S

❖ Salma-Chaudhry A., Mavromati M., Golay A. (2013). Diabète type 2, Hôpitaux universitaires de Genève, P. 2.

❖ Stengel B., Billon S., Dijk PC., Jager KJ., (2003). Trends in the incidence of renal replacement therapy for end-stage renal disease in Europe. 1990-1999. Nephrol. Dial. Transplant. 18 (9): 1824-33.

❖ Sylviane Dletre, Martal Coutaz ; Rev Med Suisse 2016, volume 12,461-466.

T

❖ Thermo Fisher Scientific.

❖ Tosoh Automated Glycohemoglobin Analyzer HLC-723G8 Guide de l'opérateur (Mode d'analyse ß-Thalassemia).

Complicações renais nos diabéticos

Resumo:

O objetivo do nosso trabalho foi determinar a distribuição da diabetes segundo o sexo, a idade e as complicações renais, e estudar certos parâmetros bioquímicos dos perfis glicémico e renal de pessoas com diabetes e/ou nefropatia diabética (n=65). Verificámos que o risco de nefropatia diabética era mais elevado nas mulheres do que nos homens e que 11% tinham desenvolvido complicações renais. 86% tinham níveis de glucose no sangue em jejum acima do normal, e os níveis de glucose no sangue eram mais elevados nos doentes com ND (2,52±0,95 g/l) do que nos doentes sem ND (1,92±0,72 g/l). 85% dos doentes apresentavam valores de HBA1c acima do limiar e a média de HBA1c era mais elevada nos doentes com ND (9,2±2,24%) do que nos doentes sem ND (8,28±1,60%). Além disso, 47% apresentavam hipercreatininémia, incluindo 11% com ND e 7% com hipocreatinémia. A hiper-uricemia estava presente em 56% dos doentes, dos quais 15% tinham ND, e 45% dos doentes tinham hiper-uricemia, dos quais 10% tinham ND. Os nossos resultados demonstram também que a avaliação renal é eficaz para estimar a função e o grau de complicação renal.

Palavras-chave: Diabetes, nefropatia, glicémia, HBA1c, creatinémia, ureia, uricémia

More Books!

yes
I want morebooks!

Buy your books fast and straightforward online - at one of world's fastest growing online book stores! Environmentally sound due to Print-on-Demand technologies.

Buy your books online at
www.morebooks.shop

Compre os seus livros mais rápido e diretamente na internet, em uma das livrarias on-line com o maior crescimento no mundo! Produção que protege o meio ambiente através das tecnologias de impressão sob demanda.

Compre os seus livros on-line em
www.morebooks.shop

info@omniscriptum.com
www.omniscriptum.com

OMNIScriptum

MIX
Papier aus verantwortungsvollen Quellen
Paper from responsible sources
FSC® C105338

Printed by Books on Demand GmbH, Norderstedt / Germany